Bibliografische Information der Deutschen Nationalbibliothek:

Die Deutsche Bibliothek verzeichnet diese Publikation in der Deutschen National-
bibliografie; detaillierte bibliografische Daten sind im Internet über http://dnb.d-
nb.de/ abrufbar.

Impressum:

Copyright © 2018 GRIN Verlag
Druck und Bindung: Books on Demand GmbH, Norderstedt Germany
ISBN: 9783668800410

Dieses Buch bei GRIN:

https://www.grin.com/document/441853

Stefan Nothdurft

Projekt Bohreinrichtung. Implementierung einer speicherprogrammierbaren Steuerung mit CoDeSys

GRIN Verlag

GRIN - Your knowledge has value

Der GRIN Verlag publiziert seit 1998 wissenschaftliche Arbeiten von Studenten, Hochschullehrern und anderen Akademikern als eBook und gedrucktes Buch. Die Verlagswebsite www.grin.com ist die ideale Plattform zur Veröffentlichung von Hausarbeiten, Abschlussarbeiten, wissenschaftlichen Aufsätzen, Dissertationen und Fachbüchern.

Besuchen Sie uns im Internet:

http://www.grin.com/

http://www.facebook.com/grincom

http://www.twitter.com/grin_com

Stefan Nothdurft

Assignment

Projekt Bohreinrichtung

Implementierung einer speicherprogrammierbaren Steuerung mit CoDeSys

Studiengang: Elektro- und Informationstechnik – Bachelor of Engineering (B. Eng.)

Modul: REG23

Eingereicht am: 07.09.2018

Inhaltsverzeichnis

Abbildungsverzeichnis

Tabellenverzeichnis

Abkürzungsverzeichnis

AS... *Ablaufsprache (Programmiersprache)*
AWL.. *Anweisungsliste (Programmiersprache)*
CPU... *Central Processing Unit*
DDLM .... Direkt Data Link Mapper
DIP .... *Dual Inline Package*
EVA .... *Eingabe Verarbeitung Ausgabe*
FBS .... *Funktionsbaustein-Sprache (Programmiersprache)*
KOP .... *Kontaktplan(Programmiersprache)*
OSI .... *Open Systems Interconnection*
SPS .... *Speicherprogrammierbare Steuerung*
ST.. *Strukturierter Text (Programmiersprache)*
VPS .... *Verbindungs Programmierte Steuerung*

1 Einleitung

In der industriellen Produktion ist die Automatisierung von Anlagen nicht mehr wegzudenken. Aufgrund der großen Menge an Sensoren und Aktoren in komplexen Industrieanlagen, sind diese unter anderem nicht mehr von Hand steuerbar. Ebenso bei zeitkritischen Anwendungen ist eine automatisierte Steuerung unerlässlich. Das folgende Zitat unterstreicht die Notwendigkeit einer automatisierten Steuerung.

„Seit dem Beginn der technischen Produktion haben die Menschen den Wunsch nach einer effektiveren Gestaltung der Produktionsprozesse (Rationalisierung)."

(HEINRICH/LINKE/GLÖCKLER 2017, S.5)

1.1 Aufbau der Arbeit

Die Arbeit ist in fünf Kapitel gegliedert.

Im ersten Kapitel wird neben der Hinführung zum Thema, die Aufgabenstellung beschrieben.

Im zweiten Kapitel werden die Grundlagen erläutert, darunter Fallen die Funktionsweise einer SPS sowie einer Ablaufsteuerung und das OSI-Modell. Es werden Programmierkenntnisse in AWL vorausgesetzt, daher wird auf die Programmiersprache nicht weiter eingegangen.

Das dritte und vierte Kapitel beschäftigt sich mit der Umsetzung und Lösung der Aufgabenstellung.

Das abschließende fünfte Kapitel beinhaltet das Fazit der Arbeit.

1.2 Ziel der Arbeit

Das Ziel der Arbeit besteht darin, den steuerungstechnischen Ablauf einer Bohreinrichtung mit einer SPS zu automatisieren. Dies soll mittels Schrittkettensimulationsprogramm in AWL implementiert und mit der Software CoDeSys umgesetzt und simuliert werden.

Unter anderem soll die folgende Verständnisfrage beantwortet werden.

Welche Schichten des OSI-Modells finden in den Kommunikationssystemen der Automatisierung Verwendung?

1.3 Beschreibung des Steuerungsablaufs

Auf der Grundplatte der Bohrvorrichtung sind zwei Zylinder montiert. Beide Zylinder verfügen über eine Ölbremseinheit, wodurch eine langsame und gleichmäßige Vorschubgeschwindigkeit erreicht wird. Zylinder 1 spannt das Werkstück fest und auf Zylinder 2 ist der Bohrer montiert. Die Positionen der beiden Zylinder werden mit Endschaltern erkannt. Für den Bediener sind zwei Taster auf einem Bedienpanel angebracht.

Durch Betätigung von Taster S1 wird der automatisierte Bohrvorgang gestartet. Zuerst wird Zylinder 1 ausgefahren um das Werkstück zu spannen. Ist der Zylinder ausgefahren, wird anschließend Zylinder 2 angesteuert. Sobald der Endschalter von Zylinder 2 kontaktiert, verharren beide Zylinder über die Bohrdauer von 2s. Danach wird zuerst Zylinder 2 eingefahren und zuletzt wird Zylinder 1 wieder eingefahren. Dadurch soll verhindert werden, dass das Werkstück beim zurückfahren dos Bohrers nicht nach oben mitgezogen werden kann.

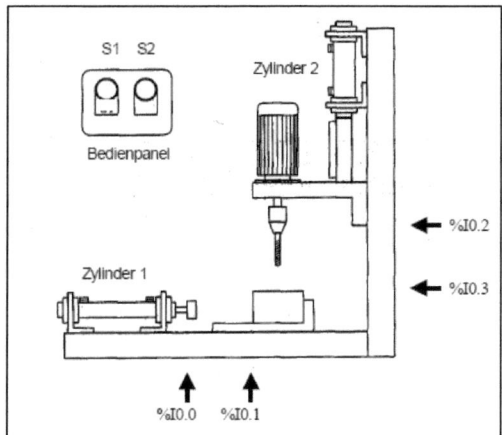

Abbildung 1: Darstellung der Bohreinrichtung

(Aus AKAD AUFGABENBLATT, 2018)

2   Grundlagen

2.1   Speicherprogrammierbare Steuerung

Eine SPS ist eine elektrische Steuerung die über eine integrierte CPU verfügt. Im Vergleich zur herkömmlichen VPS kann sie daher ohne Veränderung der Hardware andere Funktionen erhalten. Sämtliche Sensoren und Aktoren werden direkt an die Ein- und Ausgänge der SPS angeschlossen. Die in der SPS hinterlegte Programmierlogik liest die Eingänge ein und legt die Ansteuerung der Ausgänge fest.

Im Programmspeicher der SPS befindet sich die Steuerlogik. Ist der Programmspeicher beschreibbar, kann mittels Programmiersoftware und Programmieradapter individueller Programmcode implementiert und gespeichert werden. (vgl. BER-HOLD/LINKE/GLÖCKLER 2017, S.184) Nach der Europäischen Norm DIN EN 61131-3, stehen die Programmiersprachen AS, AWL und ST, sowie die graphischen Programmiersprachen KOP und FBS zur Verfügung. (vgl. WELLENREUTHER/ZASTROW 2005, S.18)

Der Aufbau einer SPS kann modular oder mit einer kompakten SPS ausgeführt werden. Eine modulare SPS besteht mindestens aus einem Rahmen, einer Stromversorgung, einer CPU und einer Ein- und Ausgabe-Baugruppe. (vgl. GRÖTSCH 2004, S.147) Eine kompakte SPS enthält diese Komponenten bereits in einem Gehäuse vereint.

2.1.1   Zyklischer Betrieb und EVA-Prinzip

Eine SPS arbeitet nach dem EVA-Prinzip, dabei wird der Programmcode zyklisch durchlaufen. Zuerst wird ein Prozessabbild der Eingangszustände erzeugt, anschließend dem Anwenderprogramm zur Bearbeitung übergeben. Ist diese abgeschlossen erfolgt die Ausgabe des Ausgangsprozessbild und der Zyklus beginnt wieder von neuem. Unter anderem deuten BERHOLD/LINKE/GLÖCKLER(2017, S.315) darauf hin, dass die Zyklen Dauer von der Leistungsfähigkeit der CPU, sowie der Anzahl und Art der Anweisungen im Programm abhängig sind.

2.2   Ablaufsteuerung / Schrittkettenprogrammierung

Ablaufsteuerungen sind Steuerungsprogramme die schrittweise abgearbeitet werden. Eine Ablaufsteuerung kann aus einer oder mehreren Schrittketten bestehen. Sie dient zur Umsetzung komplexer Systeme, indem der gesamte Ablauf einer Anlage in Einzelschritte aufgeteilt wird. Eine Ablaufsteuerung beginnt immer mit einem Anfangsschritt. Eine Ablaufkette enthält Transitionen, Sprünge und Aktionen.

- Transitionen dienen dazu den aktuellen Schritt zu verlassen und den nächsten Schritt zu aktivieren.
- Sprünge ermöglichen es innerhalb der Ablaufkette Schritte zu überspringen oder zu wiederholen.
- Aktionen führen Anweisungen aus und werden bei dem jeweiligen Schritt ausgeführt.

(vgl. sps-programmieren.com, online)

Bei der Implementierung werden Schrittmerker verwendet. Diese zeigen die aktuelle Position im Programm an. Nachdem die Weiterschaltbedingung erfüllt ist, wird zum nächsten Schritt weitergeschaltet. Der Schrittmerker des nächsten Schritts wird gesetzt und der des momentanen Schritts Rückgesetzt. Zu welchem Zeitpunkt eine Weiterschaltung erfolgen soll, legt der Programmierer anhand der Anforderungen fest. Eine Weiterschaltbedingung kann beispielsweise durch einen Start-Taster oder Endschalter ausgelöst werden. (vgl. ADAM/ADAM 2015, S.173)

2.2.1 Graphische Darstellung

Die grafische Darstellung einer Ablaufsteuerung ist an PETRI-Netze angelehnt. Die Schritte werden in einem Block dargestellt und durchnummeriert. Einem Schritt können Aktionen zugewiesen werden. Für die Beschreibung der Aktionen werden Befehlszeichen verwendet. Die graphische Darstellung unterstützt den Programmierer bei der Strukturierung des Programms. Ein weiterer Vorteil ist, dass Fehler im Ablauf leichter gefunden und beseitigt werden können. (vgl. ADAM/ADAM 2015, S.173,174)

Befehls-zeichen	Bedeutung	Erläuterung
N	Nicht gespeichert	Während der Schritt aktiv ist, wird der Befehl ausgeführt.
S	Speichernde Aktion Setzen	Wenn der Schritt aktiv wird, startet der Befehl bis er zurück-gesetzt wird.
R	Speichernde Aktion Rücksetzen	Wenn der Schritt aktiv wird, wird ein zuvor gesetzter Befehl zurückgesetzt (beendet).
D	Zeitverzögerte Aktion	Der Befehl wird erst zeitverzögert nach Aktivierung des Schrittes gestartet. Wird der Schritt vor Ablauf der Zeit deak-tiviert, so wird der Befehl nicht ausgeführt.
L	Zeitbegrenzte Aktion	Der Befehl wird nach Aktivierung des Schrittes nur so lange ausgeführt, wie die Zeit es vorgibt. Wird vor Ablauf der Zeit der Schritt inaktiv, wird auch der Befehl beendet.
P	Impuls (steigende Flanke)	Mit Aktivierung des Schrittes ist der Befehl nur für einen Zyklus lang aktiv.

Abbildung 2 PETRI-Netz Übersicht der Befehlszeichen

(Aus BERHOLD/LINKE/GLÖCKLER 2017, S.247)

2.3 OSI-Modell

Das OSI-Modell ist ein Standard zur Festlegung der Kommunikation, also dem Daten-austausch zwischen Computern untereinander. Das ermöglichte die Kommunikation zwischen Computern auch unterschiedlicher Hersteller. Das Modell setzt sich aus bis zu sieben Schichten zusammen. Die Schichten sind modular und können daher verändert werden, ohne sich auf die anderen Schichten auszuwirken. (vgl. SCHIFF-MANN/SCHMITZ 2013, S.245)

Schicht 7	Anwendungsschicht
Schicht 6	Darstellungsschicht
Schicht 5	Sitzungsschicht
Schicht 4	Transportschicht
Schicht 3	Vermittlungsschicht
Schicht 2	Sicherungsschicht
Schicht 1	Physikalische Schicht

Tabelle 1 Die 7-Schichten des OSI-Modells

(in Anlehnung an SCHIFFMANN/SCHMITZ 2013, S.245)

3 Umsetzung der Bohreinrichtung

3.1 SPS Auswahlkriterien

Aufgrund der Projekt Vorgaben sind bei der Auswahl der SPS die folgenden Anforderungen zu achten.

- Mindestens 6 Ein- und 4 Ausgänge um alle Sensoren und Aktoren bedienen zu können
- Die maximale Strombelastbarkeit der Ausgänge, sowie die Spannungsfestigkeit müssen an die verwendeten Ölbremszylinder angepasst sein
- Unterstützung der Programmiersoftware CoDeSys 2.3

3.2 Zuordnungstabelle

Die Zuordnungstabelle dient der besseren Übersicht. Aus ihr kann die Funktion des jeweiligen Ein-/Ausgangs abgelesen werden. Unter anderem ist es wichtig zu wissen, ob es sich bei einem angeschlossenen Sensor um einen Schließer- oder Öffner-Kontakt handelt. Die Zylinder fahren ein/aus, wenn ein High-Signal anliegt.

Funktion	SPS E/A	Zuordnung
Zylinder 1 eingefahren	%I0.0	schließer
Zylinder 1 ausgefahren	%I0.1	schließer
Zylinder 2 eingefahren	%I0.2	schließer
Zylinder 2 ausgefahren	%I0.3	schließer
Start-Taster / S1	%I0.4	schließer
Stopp-Taster / S2	%I0.5	schließer
Zylinder 1 ausfahren	%Q1.0	Zylinder fährt bei 1
Zylinder 1 einfahren	%Q1.1	Zylinder fährt bei 1
Zylinder 2 ausfahren	%Q1.2	Zylinder fährt bei 1
Zylinder 2 einfahren	%Q1.3	Zylinder fährt bei 1

Tabelle 2 Zuordnungstabelle Bohreinrichtung

3.3 PETRI-Netz

Das PETRI-Netz der Bohreinrichtung zeigt deutlich die Aktionen, welche bei jedem Schritt ausgeführt werden sollen. Den Anforderungen zur Folge ergeben sich sechs Schritte. Im Normalfall werden die Schritte 1-6 der Reihe nach ausgeführt. Ist der Stopp gedrückt, wird jedoch die Schrittkette unterbrochen und sofort zu Schritt 1 gesprungen.

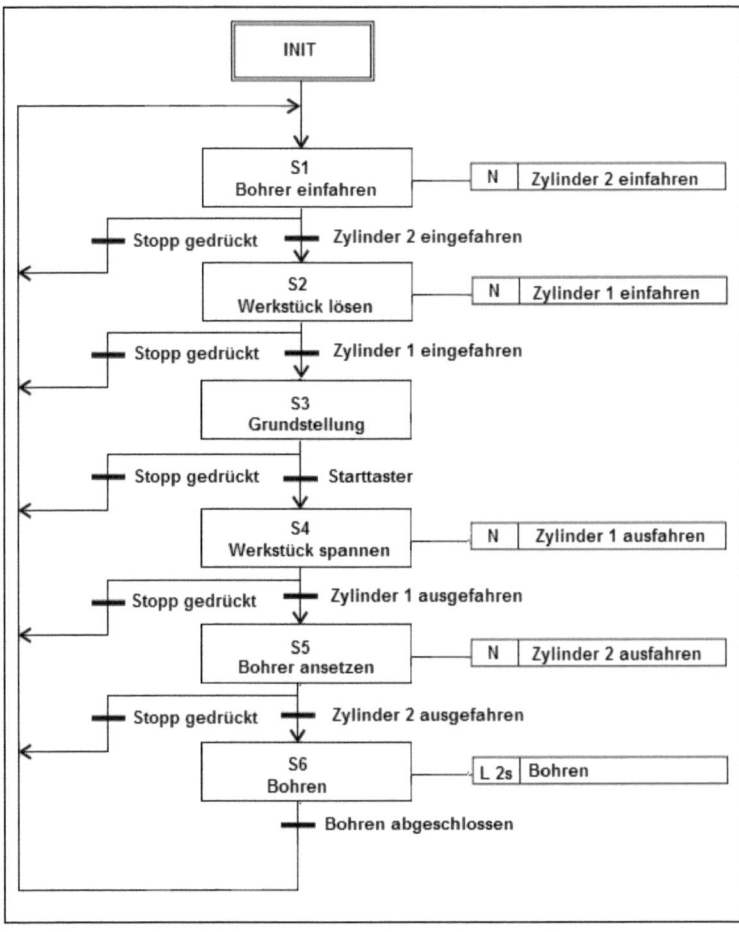

Abbildung 3: PETRI-Netz der Bohreinrichtung

3.4 Implementierung

Die Implementierung erfolgte mit der Software CoDeSys Version 2.3. Der gesamte Programmcode der Bohreinrichtung liegt der Arbeit bei. Die Programmierung erfolgte entsprechend der Vorgabe in AWL. Das Projekt ist in einem Programmbaustein untergebracht.

3.4.1 Variablen und Symbole

Es wurde eine globale Variable zur Visualisierung des Bohrvorganges angelegt. Für jeden Schritt wird eine Variable als Schrittmerker vom Typ BOOL deklariert. Schritt1 ist mit TRUE initialisiert. Ein Timer vom Typ TON wird für die Bohrdauer deklariert. Die verwendeten Ein- und Ausgänge sind zur besseren Übersicht mit Symbolen verknüpft.

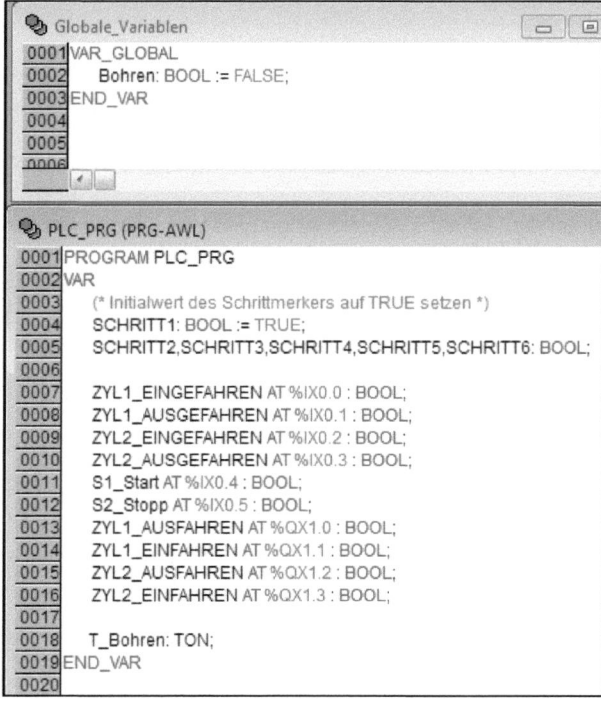

Abbildung 4 Variablen und Symbole der Bohreinrichtung

3.4.2 Schritt1

Wird die SPS eingeschaltet, wird die Bohreinrichtung zuerst in die Grundstellung gefahren. Die Grundstellung besteht aus Schritt1+Schritt2. Die Schrittkette beginnt mit Schritt1, da dieser bei der Initialisierung auf TRUE gesetzt wurde. Im ersten Schritt wird der zweite Schrittmerker gesetzt, alle anderen Schrittmerker werden Rückgesetzt. Zylinder zwei soll ausfahren, dazu wird er gesetzt. Die anderen Ausgänge werden Rückgesetzt.

```
0001  LD   SCHRITT1
0002  S    SCHRITT2
0003  R    SCHRITT1
0004  R    SCHRITT3
0005  R    SCHRITT4
0006  R    SCHRITT5
0007  R    SCHRITT6
0008  R    ZYL1_AUSFAHREN
0009  R    ZYL1_EINFAHREN
0010  R    ZYL2_AUSFAHREN
0011  S    ZYL2_EINFAHREN
```

Abbildung 5 Schrittkette Schritt1

3.4.3 Schritt2

Der zweite Schritt wird freigegeben, sobald Zylinder2 eingefahren ist. Der Schritt3 wird gesetzt. Zylinder 2 wird Rückgesetzt. Zylinder1 einfahren wird gesetzt.

```
0013  LD   SCHRITT2
0014  AND  ZYL2_EINGEFAHREN
0015  R    SCHRITT2
0016  S    SCHRITT3
0017  R    ZYL2_EINFAHREN
0018  S    ZYL1_EINFAHREN
```

Abbildung 6 Schrittkette Schritt2

3.4.4 Schritt3

Der Schritt wird freigegeben, sobald Zylinder1 eingefahren ist. Die Bohrvorrichtung befindet sich jetzt in der Grundstellung.

```
0020  LD   SCHRITT3
0021  AND  ZYL1_EINGEFAHREN
0022  R    SCHRITT3
0023  S    SCHRITT4
0024  R    ZYL1_EINFAHREN
```

Abbildung 7 Schrittkette Schritt 3

3.4.5 Schritt4

Sobald der Start-Taster S1 gedrückt wird, wird Schritt 5 freigegeben und Zylider1 auf Ausfahren gesetzt.

```
0026  LD    SCHRITT4
0027  AND   S1_Start
0028  R     SCHRITT4
0029  S     SCHRITT5
0030  R     ZYL1_EINFAHREN
0031  S     ZYL1_AUSFAHREN
```

Abbildung 8 Schrittkette Schritt4

3.4.6 Schritt5

Ist der Zylinder1 ausgefahren, wird direkt der Zylinder2 ausgefahren.

```
0033  LD    SCHRITT5
0034  AND   ZYL1_AUSGEFAHREN
0035  R     SCHRITT5
0036  S     SCHRITT6
0037  R     ZYL1_AUSFAHREN
0038  S     ZYL2_AUSFAHREN
```

Abbildung 9 Schrittkette Schritt5

3.4.7 Schritt 6

Ist der Zylinder 2 ausgefahren, wird die globale Variable Bohren gesetzt. Gleichzeitig wird die Einschaltverzögerung T_Bohren mit der Verzögerungsdauer von 2 Sekunden gestartet. Ist die Zeit abgelaufen, wird Schritt 1 gesetzt und Bohren Rückgesetzt. Der Bohrvorgang ist abgeschlossen.

```
0040  LD    ZYL2_AUSGEFAHREN
0041  AND   SCHRITT6
0042  R     ZYL2_AUSFAHREN
0043  S     Bohren
0044
0045  CAL   T_Bohren(IN := Bohren, PT := T#2000ms)
0046
0047  LD    T_Bohren.Q
0048  S     SCHRITT1
0049  R     Bohren
```

Abbildung 10 Schrittkette Schritt6

3.4.8 Stopp Funktion

Ist der Taster S2_Stopp betätigt wird Schritt 1 aktiviert. Die Bohrvorrichtung läuft dann die Grundstellung an.

```
0051   LD   S2_Stopp
0052   S    SCHRITT1
```

Abbildung 11 Stopp-Funktion

3.5 Simulation

Die Simulation ist mit der Programmiersoftware CoDeSys auch ohne Hardware möglich. Zur Simulation der Bohreinrichtung bietet es sich an die Variablen, welche für den Programmablauf wichtig sind zu Visualisieren. Die Eingänge sind auf der linken Seite angeordnet, die Ausgänge auf der rechten Seite der Oberfläche. Durch Anklicken des Kreises wird der Eingang gesetzt, dies wird durch eine Farbänderung signalisiert. Die Programmierung kann jetzt durch schrittweises Setzen der Eingänge simuliert werden.

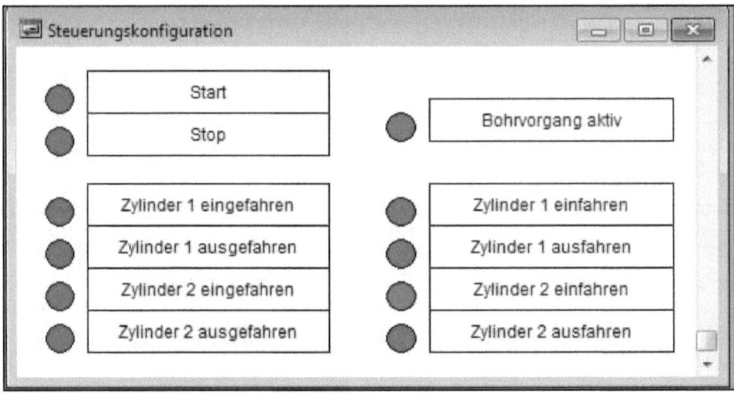

Abbildung 12 Visualisierung zur Simulation der Bohreinrichtung

4 Verständnisfrage

Dieser Abschnitt befasst sich mit der Frage: Welche Schichten des OSI-Modells finden in den Kommunikationssystemen der Automatisierung Verwendung?

Die verwendeten Schichten sind abhängig von der Kommunikation der Automatisierungssysteme. Es finden nicht bei jeder Kommunikation alle 7 Schichten des OSI-Modells Anwendung. Hinsichtlich der Bohreinrichtung, findet die Kommunikation zwischen der SPS und den Ein-/Ausgabemodulen statt. Mögliche Schnittstellen können der Kommunikationsbus, der Peripheriebus und der PROFIBUS sein. (vgl. WELLENREUTHER/ZASTROW 2005, S.12)

Der PROFIBUS baut auf den Schichten 1-Physikalische Schicht, 2-Sicherungsschicht und 7-Anwendungsschicht auf. (PNO 2016, S.4) Der PROFIBUS DP wird für die dezentrale Anwendung mit schneller Datenübertragungsrate für die Kommunikation verwendet. Die Anwendungsschicht wurde bei dem PROFIBUS DP durch den DDLM ersetzt und ermöglicht dadurch eine direkte Schnittstelle auf die Schicht 2. Das bedeutet dass hier nur die ersten beiden Schichten Anwendung finden. (SAMSON AG o.J. a, S.6,13,27)

In der Physikalischen Schicht werden die Bus-Topologie, Hot Connect Fähigkeit, Leitungseigenschaften, Übertragungsgeschwindigkeiten oder die Verwendung von Abschluss Widerständen festgelegt. Die Übertragung kann per RS485, RS485-IS, MBP, Wireless oder Glasfaserübertragung ausgeführt werden. (PNO 2016, S.4-6)

Die Sicherungsschicht legt den Buszugriff fest in diesem Fall handelt es sich um ein Token-Passing - Master-Slave Zugriffsverfahren. Dadurch ist definiert, wann ein Master oder Slave auf den Bus zugreifen darf. Unter anderem ist die Fehlererkennung Teil der Sicherungsschicht. Die Slaves verfügen über eine Ansprechüberwachung und können somit einen Fehler in der Kommunikation feststellen. Der Master überwacht die Datenübertragung per Timer, kommt also innerhalb einer bestimmten Dauer kein Datenpaket an liegt ein Fehler vor. (SAMSON AG o.J. b, S.15) Die Adressierung ist auch in der Sicherungsschicht festgelegt. Die Adresse wird bei PROFIBUS über DIP-Schalter oder per Software eingestellt.

5 Fazit

5.1 Ergebnisse und Ausblick

Die Automatisierung des Steuerungsablaufes mit einer SPS ist möglich und wurde in der Arbeit vorgestellt. Der Ablauf wurde gemäß der Aufgabenstellung implementiert. Auch die Simulation konnte mit CoDeSys erfolgreich umgesetzt werden. Mit Hilfe der Simulation konnte der Programmablauf ohne angeschlossene SPS getestet werden.

Der Einsatz einer SPS ist durchaus Sinnvoll. Aufgrund der Flexibilität einer SPS kann die Bohrvorrichtung stets erweitert und optimiert werden. Die Anbindung der SPS über einen Feldbus zur dezentralen Steuerung und Überwachung ist ebenso möglich.

Die Software CoDeSys v2.3 ist ziemlich alt, diese könnte durch eine aktuellere Version ersetzt werden V3.5 SP13 (Stand 09/2018).

Der Programmablauf der Bohreinrichtung könnte zukünftig mit Plausibilitätsprüfungen gegen Fehler abgesichert werden. Ist beispielsweise der Endschalter von Zylinder 1 ausgefahren defekt und meldet durchgängig ein High-Signal, erkennt das Programm keinen Fehler. Zylinder 1 ist aber zuständig für das Spannen des Werkstückes, dadurch könnte sich das Werkstück lösen und umherfliegen.

Der Bediener könnte mittels Signallampen über den Zustand der Bohreinrichtung informiert werden (Bohrvorgang aktiv, Bohrvorgang erfolgreich, Fehler).

Literaturverzeichnis

Adam, H. & Adam, M. (2015). SPS-Programmierung in Anweisungsliste nach IEC 61131-3. Eine systematische und handlungsorientierte Einführung in die strukturierte Programmierung. (5.Auflage). Berlin Heidelberg: Springer-Verlag

Berhold, H. & Linke, P. & Glöckler, M. (2017). Grundlagen Automatisierung - Sensorik, Regelung, Steuerung (2. Auflage). Wiesbaden: Springer Vieweg.

Grötsch, E. (2004). Speicherprogrammierbare Steuerungen als Bausteine verteilter Automatisierung (5.Auflage). München: Oldenbourg Industrieverlag

PROFIBUS Nutzerorganisation e. V. (PNO) (2016). PROFIBUS Systembeschreibung - Technologie und Anwendung. Abgerufen am 06.09.2018 von https://de.profibus.com/index.php?eID=dumpFile&t=f&f=51702&token=285ebc6925fc6d 2d2ad000ee5452095c44ac17a1

SAMSON AG (o.J. a). Technische Information PROFIBUS-PA Teil 4 Kommunikation. Abgerufen am 06.09.2018 von https://www.samson.de/document/l453de.pdf

SAMSON AG (o.J. b). Technische Information Kommunikationsnetze Teil 1 Grundlagen. Abgerufen am 06.09.2018 von https://www.samson.de/document/l155de.pdf

Schiffmann, W. & Schmitz, R. (2013) Technische Informatik 2: Grundlagen der Computertechnik.

sps-programmieren.com. SPS Programmierung am Beispiel eines Bioreaktors. Am 07.09.2018 abgerufen von http://www.sps-programmieren.com/sps-ablaufsteuerung

Wellenreuther G. & Zastrow D. (2005). Automatisieren mit SPS: Theorie und Praxis (3.Auflage). Wiesbaden: Springer Vieweg.